百变森女30天

王幼宣（幼乖）著

 经济科学出版社
Economic Science Press

序 XU

不知道从什么时候开始，被冠上了森女的称号～

可能是那一年的秋天，我特别喜欢穿镂空毛衣，喜欢亚麻色、卡其色、裸色、大地色的衣服、鞋子、袜子、各种流苏、民族风……一时成了我的最爱～

然后当我把那些穿搭照片发到网上的时候，突然大受好评～

很多人说：很喜欢你最近的风格呀，很特别～

当然也看到很多评论，说我在走森林系的女孩风格～

当时，我还不太清楚，什么是森林系～

只记得有一次，朋友开玩笑地说，觉得我好像是从森林里走出来的人，头发凌乱得像刚从草丛里穿过来，衣服像是被树林刮破的感觉～

于是好奇地就在网站上搜了一下什么是森林系女孩～

有这样一种女生，她们用自己的真实态度表达对低碳环保生活的支持，她们气质温柔，喜欢穿舒适的服饰，崇尚妆容的返璞归真，她们就是"森林系"女生。

"森林系女生"一词，最早来自日本最大的社交网站MIXI，而"森林系女生"则是该网站的一个社区名词。另外，森林系女生不仅是一种穿衣打扮的风格，更是一种生活态度，又叫"森活"。

看了解释之后，我发现，我真的很多地方跟森林系女孩都好像～

除了穿衣打扮之外，就连喜欢吃的东西、喜欢脚踏车、喜欢做手工、喜欢用照片记录生活、好多好多……都很像～

于是，我对"森林系"这个词更产生了浓厚的兴趣～

经过一段时间的坚持，我好像更被网友们定义为就是一名森女～

但我并不希望就这样被定格了～

因为骨子里的我，喜欢各种风格的尝试，作为森女我是觉得，自己不是很够资格～

但如果说到百变，我是有用不完的小心思～

谁说森林系只能是被定位成一成不变的模样？

我就是要做一个可以百变的、森林系女孩！

说这是一本教科书？可我不是专业的造型师；说这是一本杂志？可我也不是写手跟编辑～

所以，准确地说，这应该算是一本日记～

记录从每一天的妆容、发型、服装、饰品配件到喜欢的咖啡厅、吃的、用的夹杂在一起～

让大家体会在纷纷嚷嚷的大都市里，如何上演森林系女孩的"森活"态度～

希望大家喜欢，也欢迎您加入百变森女的行列～

森林系女生法则	"森女"必备条件
1. 穿衣打扮清新舒适	1. 喜欢民族风的服饰
2. 清新素雅的妆容	2. 不盲目追求名牌
3. 随时用相机记录生活	3. 生活态度很悠闲
4. 自身比较文艺	4. 喜欢随身带着相机

目 录

Contents

第一天
**小清新
印象篇**

——干净、清透没问题

如果被人问～你最喜欢的季节是什么～相信大多数人都会回答：是夏天～

因为～夏天有晴朗的天气～有迷人的花朵～更有度假的感觉～

可是～在我的心里～最喜欢的～是秋天～

一个飘满落叶～时而夹杂着点小风的季节～

当然～想象一下秋天的森林必定是更为迷人～

关于我的妆容～当然绝对不是只有一种～

可能有人会说～森林系女生不是都是素颜不化妆的吗？

哈？那你就OUT啦～她们是以淡妆、裸妆为主～但绝对不是不化妆～

当然对于我来说～与陌生朋友的第一次见面～我也一定是以淡妆为首选～

"我的皮肤因为经常保养～所以肤质算是不错～

当然在这本书里～也会跟大家分享我是如何保养的～"

green skin BB 霜

花水面膜纸

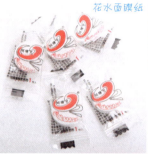

dolly cat 睫毛

sleek 眼影

Zoo 唇膏组

Eye-do 彩片

Glo & Ray 眼线笔

EDM 套刷

green skin 散粉

BH 薰衣草花水

今天因为要认识新朋友～所以我打算
用自然清新的淡妆来打造自己～给对
方留下个好印象～这些都是我平时习
惯用的底妆～

底妆我习惯用 BB 霜 ~
看起来比较清透自然 ~
先画出想要的眉形 ~ 再
用染眉膏把眉毛染成跟
头发类似的颜色 ~

再用咖啡色眼线笔 ~ 画出自然的内眼线 ~
接着用香槟色眼影打亮整个眼窝 ~
今天的假睫毛也选用咖啡色自然型 ~ 当然隐
形眼镜也要选择跟这个妆色配合的自然色 ~

腮红选择淡淡的橘色~
咖啡色跟橘色非常搭~
唇膏可以用裸色或是粉
红色~

另外下假睫毛可以加~
也可以不加~加的话可
以分成三段来贴~会比
较自然喔~

头发对我来说~自然的微
卷~蓬松~散落在肩膀上
~就足够给人好印象啦~

今天穿白色~因为这样会给对
方留下干净、纯洁的印象~
袜子是重点~配上有一点点高
度的坡跟鞋~显得活泼可爱~
准备完毕~出发喽~

第二天

美白篇

——全身角质去光光

肯园祛痘精油

皇家御用磨砂膏与芳芙儿
玫瑰纯精华油修复痘印

镜花缘活泉水润莲花水

镜花缘清洁面膜

肯园成年礼白瓷净痘敷面泥

肯园巨人黑璃净采敷面泥

想要全身美白～一直擦各种保养品以及美白品是不够的～
因为你不知道自己会吸收多少～有可能三分之一都吸收不到！
所以～不是一直坚持就会有效哦～

敷之前~要去除角质才是重点！
只有去除了角质~营养品才会得到充分的吸收~
当然~要先洗澡啦~洗澡的同时~用磨砂膏~帮全身去角质~

首先还是要用专门的眼唇
卸妆液来卸掉眼唇妆~再
用 Glo&Ray 的卸妆凝胶做
好清洁~然后再洗澡~

Glo&Ray 二合一
洗卸凝胶

针对脸上或身上的痘疤以及痘印~用肯园的
祛痘精华~在需要的部位按摩至吸收~
再用祛疤修复精华~一样按摩至吸收~

每天一觉醒来～都要
比昨天美一点～再美
一点～

眼部的眼胶～也可以多涂一些～戴一
会～再按至吸收～最后带上会发热的
眼罩～帮助眼部美白去黑眼圈～
做完这些最后再用镜花瑟家的美白精
华乳液以及面霜～
这样才是真正的美白保养噻～当然美
容觉也很重要～

第三天

保养篇

——我的美丽小心机

今天来说一下保养吧～宅在家的日子也要美美的～一套可爱的居家服让你在家里也会拥有好心情喔～

说到保养～不但是要补水美白～更重要的～是去掉脸部的瑕疵～

年轻的女孩子最爱长痘痘了～我也常常会因为休息不好～或是嘴馋吃了不健康的东西～就开始长痘痘～

虽然每次都知道结果会这样～却还是没办法控制爱吃的嘴巴～

不过也不用怕～我有厉害的法宝喔～那就是它们～

镜花缘沙漠面膜

BH 芦荟胶

镜花缘活泉水润莲花水

花水面膜纸

只要呆在家里～我就会好好
地来护理皮肤～

做面膜是一定的啦～当然对于
产品来说～我喜欢用整套的～

像镜花缘家的这一整套美白
水润产品就很不错哦～

先来个沙漠面膜吧～软化我
的皮肤～打开毛孔～外面再
罩上莲花水泡的面膜纸～来
个二合一面膜～

敷个20分钟～用清水洗净～
再涂上治疗痘痘的万能膏～

最后再加入小Q瓶的问题乳～

大功告成～就这样素着一整
天让皮肤好好吸收它们吧～

小Q瓶问题乳

这样做完之后～
第二天保证还你
Q嫩好皮肤哦～

当然～睡前再来个不
一样的果冻面膜～

先在脸部涂满芦荟胶
面膜～再用面膜纸泡
上句色才花水～最后
在面膜纸外再涂抹一
层芦荟胶面膜～这就
是我的自创三明治面
膜啦～

022

第四天

美发篇

——如何打造森系发型

终于熬到周末啦～再不用从睁眼开始就

紧张的准备啦～

tangle teezer 美发梳

厌倦了一成不变的自然散
发～好想换一种可以戴
造型品的头发喔～

来个编发~浪漫一下吧~

开始要先用梳子把头发梳顺~然后用卷发棒把整个头发卷好~

卷发，我有一个自己独特的小心机喑~

我的卷发跟一般的卷发不一样~

我习惯先从发尾开始卷~而且发尾先是外翻卷~并且只转一圈~接着再向里转~也是转一圈~再向外转~直到头顶是要向内转~

这样发型就卷好啦~卷好之后一样要用梳子把它们梳开梳顺~

到发尾的时候
用小皮筋固定～
再用个饰品来把
皮筋遮挡起来～
就会更精致～

头发卷好之后就来编发啦～
首先把头发从左到右或是从右到左
拿出一小撮用加股辫的方式编下来～
编得时候要尽量松松的～这样看起
来比较厚实好看～

再来回顾下我曾经做过的不同头发造型吧~

编辫子跟刘海造型都是我的最爱~当然饰品也要有搭配才会更有感觉哟~

还有丸子头搭配民族风饰品~也是简单又好看~

不想要一成不变~就用点小心机在头发上吧~

第五天

美甲篇

——森系女孩适合的指甲款式

身为小清新的你～指甲一定不能太过花俏～
我一般都喜欢自己在家 DIY ～只是些简简单单的
款式～
点点的～格子的～花朵图案或是太阳、星星～
只要甲油的颜色是对的～自己做指甲也会很好看喔！

china glaze 指甲油

今天给你看看我平时喜欢的指甲图案吧~小碎花~条纹~兔子~都是我的最爱~

或是今年很流行五个手指不同的颜色~

有同色系的~像是粉紫色渐变~或是蓝绿色渐变~

注：本页图片来源于百度。

涂指甲也要有小心机～第一遍不要涂得太厚～就像打底一样～薄薄一层就好～
等干后～第二遍可以稍微厚一点点～
也要比较均匀～这样就算只是简单的一个颜色～也会很漂亮～

其实这种向日葵如果有点美术功底
的人～自己也是可以 DIY 的喔～
还有这种小桃心的图案～也是可以
很简单的自己来做的唷～
（注：图片来源于百度。）

当然对于平时穿衣好搭配的颜色来说～巧克力色是很好的选择～因为平时我的衣服颜色都比较鲜艳～

或者是薄荷绿色～也是很显白的颜色喔～

如果你也跟我一样～喜欢自己做指甲～那就备好今年最IN的各种指甲油颜色～DIY一个好心情吧～

第六天

约会篇

——我们约会吧

你是不是跟我一样～总觉得自己男朋友根本不懂得你精心打扮的细节～

但是在一起时间久了～

我的他渐渐会被我的装扮吸引噢～

千万不要因为他不懂得欣赏就放弃打扮自己的念头～

有时候跟他出去约会的着装～不一定是要给他一个人看得噢～

当你走在他身边～回头率变高的时候～那种喜悦～他也会重新认知你的美丽！

BH 薰衣草花水

约会上妆前记得敷个面膜～因为今天你是想要贴他很近～很近的人～我会选带有薰衣草香气的 BH 花水～

敷个五分钟再上底妆～当然要
选最清透的 BB 霜～因为不想
给他负担～
想要他随时可以捏我的脸～

green skin BB 霜

眼妆的假睫毛选个心机
的吧～不要太浓厚～但
还是要拉长～
希望自己看起来像个可
爱的洋娃娃～因为我知
道他喜欢可爱的女生

dolly cat 睫毛

Zao 唇膏

Glo & Ray 腮红

腮红跟唇色更是无比重要喔~

我会选择一致的桔色提升气色~另外还要加一个给唇部水润感的唇蜜~让他随时有想要亲我的冲动~

头发~我知道他爱抚摸我的头发~所以约会时候尽量不会做太繁琐的造型~

但又不想没有造型感~所以我都会在散开到肩上的卷发以上~加个麻花辫子~或是一个小辫子~

当然有时候也很想跟男友穿情侣装～但我不会选那种大家都会穿的情侣l～我会搭配两个人元素色调差不多的同系服装～这样看起来就很搭很情侣咯～而且也会很特别～

服装嘛～是要他爱上森系女生的关键～也更是要让他感受到我的与众不同！不是说森系女孩就要包很紧～偶尔也要小性感一下～害怕裙子太短会走光？那镂空的长披肩就是最好的单品啦～尽管有点小露肌肤～也不用担心喔～

第七天

面试篇

——工作好印象

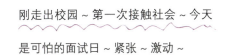

刚走出校园～第一次接触社会～今天
是可怕的面试日～紧张～激动～

我该怎样给面试官一个好
印象呢？头痛～

森系女孩往往给人柔弱的感觉～当然温柔是好事～
但还怕平日的装扮会给人缺乏能力跟坚强的感觉～
如何调度适中～就看我的吧！

背带短裙配针织Ｔ恤～咖啡色过膝袜～牛津鞋～贝雷帽～手拿包～这既表现出刚走出学校的小清新风格～又能给人中性干练的感觉～

当然如果你本身长得比较年轻~
想要让自己展现出成熟感~那就
可以采取长裙长靴的搭配~
白色大袖镂空衬衫~却可以让你
看起来更加成熟稳重喔~
帽子又能表现出精心打扮的感觉~
整个装扮绝对让你加分喔~

第八天

美食篇

—— 一秒变美厨娘

森系女孩都喜欢做手工～当然做食物也是一部分～常会看到介绍森系女孩的时候都跟各种香甜可爱的饼干和蛋糕放在一起

......

除了这些～你一定要会做一些健
康食品喔～
沙拉～浓汤～三明治～或者意面～
都是我们的最爱唷～
今天就来让你尝尝我的拿手菜吧～

其实我平时比较喜欢不需要油烟的食品～除了三明治，寿司也是我的最爱之一喏～

我常常喜欢自己买些原料来制作寿司～然后装在漂亮的饭盒里～带去给朋友们一起分享～

或是假日～也喜欢自己动手做些小饼干或是小蛋糕～然后全家人出去野餐～

有时候～自己动手做这些可爱漂亮的食物～也可以让你放松心情～并且会非常有成就感喔～

那~今日菜单就是：
曲奇饼干~缤纷马
卡龙~烤面包~寿
司拼盘~

给自己或是和朋友们一起
来个开心的下午茶吧~

——森系女孩 PARTY 造型

镜花缘活泉
水润莲花水

今天是我的休息日~晚上约了姐妹们唱歌~为
了想要一个完美的妆容呈现在晚上~
我的第一步就会从保养做起~
这是我平时很喜欢用的护肤品~
做完基础的保养~就要在妆容上做些改变咯~

森系女生平日里都是裸、淡妆比较多～但在难得的聚会日一定要不同于平日～来个华丽的转变吧～让聚会更开心～让姐妹更惊艳！

首先还是用好用的BB霜做底妆～再用刷子刷蜜粉定妆这样就会比较轻薄～眉毛一样～先用眉笔画出眉形～再用染眉膏使眉毛颜色与发色一致～眼线笔咖啡色、黑色都可以～眼影还是以大地色系为主～重点在于睫毛～要选择比平时更加浓密纤长的F款～

腮红选粉红色～唇色可以用重一点的红色～凸显整个妆容更加精致～

妆面完成啦～接下来就是服装啦～

Zoo 唇膏组

每次跟朋友聚会都会做不同的造型打扮~今
天也来跟大家一起回顾我之前跟朋友一起约
会时候的不同打扮吧~
我们有时候会举办主题派对~像这个就是我
们的白色 PARTY~
除了换服装外~其实换帽子也是最好的换装
方法啦~
看~我很喜欢帽子单品吧？好像每次都要戴
帽子才行呢~

好啦 ~PARTY 开始啦 ~
~ 让我们 HIGH 起来吧 ~

第十天

居家篇

——瘦大腿～瘦小腿～瘦手臂

昨天玩得有点晚～今天只想睡到自然醒～顺便宅在家休息一天好啦～

即使是这样～也不能放纵自己～来个精油放松下自己一周紧张的身体～

还有减肥瘦身的效果喔～

做精油按摩前一定要先洗个澡喔～这样把毛孔打开了才能让精油更好的吸收～

美沫艾莫尔瘦身精油

先给你看看我的精油宝贝们吧～

先来做瘦腿的吧～不过瘦小腿跟大腿可要分开的哟～因为我这个是量身调配的～

先说小腿吧～小腿是针对消水肿跟软化肌肉～把精油倒入掌心十滴左右～再双手搓50下～直到手心热热的～

然后均匀涂抹在小腿上～揉捏5分钟～一定要揉捏到它吸收后～再用静脉刷仔细认真的从小腿开始～左右各五分钟～从下到上来回刮刷～

大腿也一样～只是大腿用的精油是针对消脂跟紧实的～所以也是要先把精油在手心搓热再涂满大腿～按摩五分钟至吸收～

然后再用静脉刷从下至上来回刷～也是左右各五分钟喔～

腿部做完～还要松松手臂喔～不然小心手臂的肌肉鼓起来喔～

跟腿部一样～搓热涂满手臂后揉揉～再用静脉刷从下向上刷～手臂各刷100下就好啦～还有平时要常常做下手臂的拉筋与伸展～这样就可以让手臂线条变细变漂亮喔～

好啦～今天要说的就是只要把肌肉线条刷顺～即使体重不变～依旧会觉得瘦了一圈喔～

第十一天

工作日篇

——穿出森系上班族

我也想要美丽受人瞩目～

哈～那就看我的吧～

如果你是个小小上班族～平时工作已经够枯燥无聊～真不想美好的青春就这样浪费了～

Zoo 唇膏组

Glo & Ray 眼线笔

green skin BB 霜

作为上班族～早上的时间真是少之又少～
为了减少时间～裸妆当然是最省时省事的
首选～
简单五件单品～提升气色～让你无妆似有妆～
红色唇膏特别适合素颜时候提升气色～

衣服除了要得体外~还是要有点小个性~英伦风最适合上班族啦~中性~干练~

有剪裁设计的连衣裙~加双民族风的玻璃袜~配上一双木质纯色高跟鞋~西显女人味哦~

头发来不及造型?编个辫子~加上帽子是最好的造型单品~咖啡色贝雷帽~帅气又神秘~

包包选择跟鞋子颜色塔调的红色~

记住：混搭就是要有自己的性格~

就算是忙碌的早上无心的碰面～也要让你过目不忘～

第十二天

拍照篇

——森系女孩爱自拍

森系女孩爱旅行～更爱拍照～不但爱拍风景～更爱自拍～
为了随时随地拍下自己跟风景～记录那些温暖的瞬间～
小文艺的心情该如何表达？

今天～让我来揭秘
告诉你吧～

你是不是常常好奇～为什么好多人发微博
都能引来好多人的关注跟转发～
再看看自己～长得也不比别人差～也很
会写文章～为什么就没有人来关注我呢？
有时候不是任何一段话都适合大眼睛小脸
微笑或嘟嘴的自拍照～

比如～你是不是也很怀念可以放肆
任性的日子？那些想发就发的脾气～
想闹就闹的情绪～如今是什么让我
们如此理智？痛过才知道如何保护
自己～哭过才知道心痛是什么～傻
过才知道适时的坚持与放弃～爱过
才知道自己其实很脆弱～生活并不
需要这些无谓的执着～没什么是真
的不能割舍～适时转头看看～成长
的路上～你都扔下了什么～

我们旅行的时候～常常会看到一个风景～或者一棵树～就突然产生了一种情感～

有时候是快乐的～有时候是悲伤的～就像好多艺术家～都要通过旅行～好的环境～好多不同的场景～才能激发出内心的情感一样～

或是在吃饭的时候～与漂亮的食物合照～再分享出去～这种形式要比只拍自己的大头照来的更让人垂涎欲滴～

现在回想看看你的旅行是不是白去了？拍了一堆的观光照～却回想不出～旅途上的难忘心情～

今天就坐在这美丽的港口看日落～想描述些感性的话～除了拍一张必要的全景照～也可以加入自己～

把自己放上渺小的一半～表情要跟画面符合～可以是很享受～可以大笑～也可以是风吹乱了头发～

看哪张照片最符合你想表达的心情～再添加文字～这样的表现手法才会深得人心喔～

第十三天

SPA 篇

——给你的身体放个假

现在～我要来介绍我
最爱的SPA体验咯～

首先要说一下～这可不是随便去的喔～
菁园～是台湾很有特点～评价很高的香觉戏体店～
你可能会好奇～香觉戏体是什么？
大家都知道芳香疗法吧～其实它就是芳香疗法的一种～
我本身很喜欢精油～
不管是美肤还是瘦身～我都会喜欢选择带有精油的产品～
因为很天然～

它的店也很特别～从外表上
看～你完全看不出这是一个
做什么的店～
走下扶梯～进到店里～

首先会有接待的香疗师～让你先填写一个表格～
通过表格～知道你现在的身体状况～跟你想要
放松的部位～
总之就是先通过几个小问题来了解你～也好推荐适
合你的项目～

店里的环境很清新～一进去就有一种很自然的感觉～这跟内地的SPA馆可不大一样～

墙壁上的一些介绍～也可以让你更快的对看薰疗法～有一个大概的了解～就算你不了解也没关系～因为看疗师会用游戏的方式来跟你解释～

首先她会拿着一个圆盒子～里面是满满的各种精油～她一边晃一边说～等一下～你要把脸背过去～先用左手～再用右手～各抽出三瓶精油～不要看～就凭感觉就好～

于是我就按照她的方法～先用左手抽出三瓶～再用右手抽出三瓶～

之后她解释道：因为我的常用手是右手～所以左手抽出的精油会是我身体所缺少的物质！

而右手抽出的～就是不缺少的～我觉得有这么神奇吗？她也说也不是特别绝对啦～不过就我抽的来看这跟我的确有些相像～我比较容易焦躁……一旦事情比较多的时候就容易失眠～脑袋里会一直在想那些要做的事情然后会焦躁的不知从何做起～

接下来她还让我闻每一个我抽出的精油~看我能回答出多少味道~
然后选一个自己最喜欢的味道~
可以作为待会我房间放的香薰味道~

看这满满排列整齐的精油~每一瓶的味道~功效~可都是不同的喔~

做完游戏~递了针对我问题的精油以后~我就要先去冲个澡~换上浴袍~上楼等待着疗师帮我放松身体~
那我想要针对的问题就是焦躁跟排毒~
因为排毒不好也会导致情绪上的焦躁~所以我需要注意这两点!

一上二楼就能看到的大锣~
因为她们还有一个更特别的放松方法~
就是钵疗法~
没错就是僧人用的钵~不要小看这个钵喔~
敲击它的声音可以让你忘记所有烦躁的事情~
没多一会儿~我的脑袋就一片空白~
瞬间睡着了~真的不是在吹牛喔~

首先她会先帮我泡脚~并按摩双腿~帮我放松下半身~

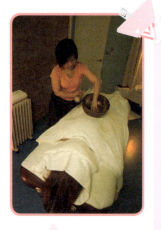

这是我试过的~最特别的按摩
方式~它有低况的并不是很响
亮的声音~但它的声波却可以
震动整个身体~
而且是循环的从腰部上下窜动
到脚底跟头发~然后再从脚到
头~从头到脚~总之没过多久~
我就已经睡翻了！
这实在是一个太好的放松工具
了吧~很想自己买一个带回家~
哈哈哈哈~

当然~这个疗之后~才正式到了
SPA 的部分~
说真的手法跟北京完全的不同~她们
的感觉很像是在你的身体上跳舞~还
是打太极一样的~
让你觉得身体从未有过的柔软感觉~
跟之前做的任何一项按摩都不一样~
当然~我比较不专业啦~
说的这些都只是我的体验感而已~
我觉得每一个辛苦劳累的人都太需
要了~
不仅仅是放松身体~最主要是心灵的
放松才会让你觉得真正的轻松~
真希望北京可以开一家这样的疗店
~我一定是第一个 VIP~
当然如果有机会到台北的朋友真的
可以去试一下喔~

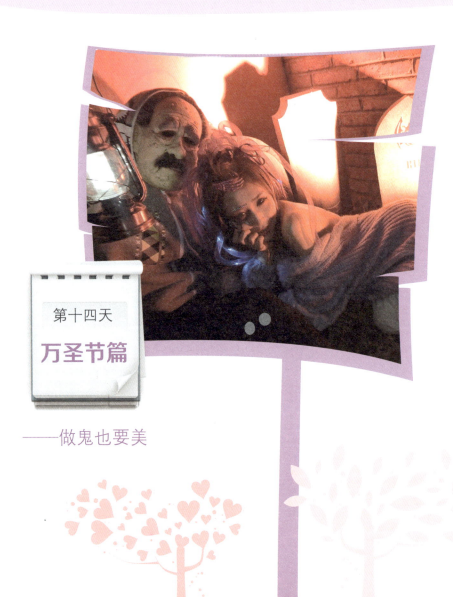

第十四天

万圣节篇

——做鬼也要美

说起节日~除了圣诞节以外~我最爱的就是万圣节啦~

因为我是个调皮鬼个性嘛~有时候觉得~是不是平时对美的追求太多了~

反而开始期待这个放肆作怪的节日!!!

说起以前~我扮过鬼娃娃~食人鱼~来带大家回顾一下吧~

当然最让我难忘的就是去年在香港迪士尼过的万圣节啦~

那里有化妆师可以帮你化一个超完整的鬼妆容~保证连妈妈都认不出你是谁的那神~

还好我画的是一半脸~

Glo & Ray 眼线笔

第十四天 万圣节篇

Eye-do 彩片

重点还有隐形眼镜~
我选的其实是接近红色的恐怖颜色~但因为拍照时候都是开闪光灯~自然拍出的红眼效果~反而感觉更好~

我觉得迪士尼只有万圣节去才最有趣~到了夜晚还会有全鬼出动的晚会~看~我跟女狼人合照~那个时候我的脸还是完好的呢~

像这个妆也非常简单~其实就是用红色眼影跟黑色眼线笔就可以打造出来啦~

说到食人鱼的妆容~给大家简单来一个解析~底妆先画个跟平时差不多的美美妆~

然后在这个基础上再加一些着重的眼线笔~黑色跟紫色~蜜粉扑重一些~

嘴巴用粉盖住~体现出毫无血色的感觉~

green skin 散粉

而且在这个时候～还可以买到好多小道具～你看～我头上的海母须～闪亮的剑～买回去就可以自己装扮啦～

之后我自己装扮的食人鱼～就也用到了海母须～

dolly cat 睫毛

重点还有假睫毛～我的上下睫毛都是用的同一款重感睫毛喔～

Sleek 金色眼影

zao 红色口红

像这个妆也非常简单~
其实就是用红色眼影跟
黑色眼线笔就可以打造
出来啦~

Sleek 眼影

看~我跟朋友们的万
圣节 PARTY~ 是不是
每次都很有趣呢？

像鬼娃娃妆是我两年前
扮的了~现在看起来还
是有些恐怖~对吧？

第十五天

游乐园篇

——满满的幸福

当你终于到达之后～就会看到有木桩做的小鹿在门口迎接你～

当然黑板墙上也会写着你进去里面后～可以做的～玩的～吃的BALABALA～

为什么我会说～这个森林好像充满了魔力跟幸福感～

看到门口的小牌子～我想你就会明白了～我们来约定～多美好的一句话呀～

我觉得人只有在童年的时候是最美好跟无忧无虑的～

如果可以有机会让你回到童年～我想不会有人拒绝回去吧？

（当然看到这里～可能会有人觉得我很幼稚～但我想说～为什么不呢？如果它可以让你快乐的话！）

我去的时候是二月中旬～刚好是薰衣草花盛开的季节～

所以说～我可以看到满山的薰衣草花咯！好期待呀～

入门的第一个仪式～就是接受薰衣草的洗礼～按按钮～四个角就会散发浓浓的薰衣草香氛～满满的洒在你身上的每个角落～

难怪还没走进大门我就已经开始闻到阵阵的薰衣草香了～

现在我的全身也是满满的紫色味道～感觉自己已经变成森林的一部分啦～

接受完洗礼～你会看到有只小熊悠闲的坐在长椅上晒太阳～

当然在这里的任何地方～你都有可能看到它的身影～所以～我把它想做是这个庄园的主人～

来到了纪念品店～不同于其他地方～这里的每一个纪念品都是可以自己亲手DIY制作的～不管你是想送给家人～朋友～爱人还是自己～明信片～音乐盒～泡泡浴盐～香包……森林麋鹿～慵懒小熊～爱情信箱～两个女生……果然～小熊是主人之一～

我的感情算是美满的～但我还是自己动手做了薰衣草种子的香包～送给那些还在等待美好爱情来临的姐妹们～

我选给自己的是愿望成真跟梦想起飞的许愿瓶～希望它们能一直陪伴着我～给我希望～

你还可以写一封明信片～把深藏在心底的话～投递给
快乐的自己～家人～希望～知己或是未知恋人～
反正不知道最后是谁会看到～也许是森林主人～
把你内心的疑惑跟坏情绪～或者是期望跟梦想～总之
好的坏的～都告诉这个充满魔法的爱情森林吧～

因为它会把不好的情绪吃
掉～再把好的愿望实现～
反正我是这样觉得的～

想问我为什么这么坚信?
因为这里的一切都是那么
美好～它让你感受不到任
何一点点坏情绪～
这里的每一个字～都充满
正能量～

走到这里的时候～看到桌上的火鸡肚子一下子就饿了～因为这是只真的火鸡喔～

虽然这是小熊的午餐～不过待会儿去到餐厅你完全可以点到跟这盘一模一样的烤火鸡！

问我为什么知道？当然是贪吃的帅哥～在点餐的时候惊人的点到～我可以吃外面那盘火鸡吗？我当时觉得超级丢脸的～怎么会有大人跟小孩一样的看到什么就想吃什么～结果当店员回答到可以的时候～我更是快晕倒了～

嗯～有没有跟我一样想～如果能跟小熊一起用餐～那该多好呀？哈哈～这个也可以满足你～在吃饭的餐厅也会有小熊喔～你可以抱着它跟它拍照～

而且~这是我坐在窗边的位置就可以欣赏到的景色喔~有没有美到? 等餐的过程中~完全不会浪费时间~

看~这里连吃的都可以DIY~森林香草饭~幸福的味道~

我是一个不喜欢在旅行景点吃饭的人~因为总觉得味道一般~

所以点餐的时候~我完全不抱希望的点了一些~结果出乎意料的好吃~

这些都只是前菜喔~正餐时只顾着吃忘记了拍照~因为真的太好吃了~又精致~

真心觉得就算是跑来这里吃上一餐~也觉得值得了~总之又是一个开心~

吃饱了～就到森林里走一走吧～就像牌子上写的一样～我们要去感受满满的幸福了～

还记得我之前说过的薰衣草爱情故事吗？这些都是我自己亲身体会到的～

因为走到森林里才知道～它不仅仅是让你欣赏美丽的风景～还教给你什么是幸福的爱情～

这个森林是一个梯子形～要上到山顶需要走很多阶梯～就好像爱情一样～从第一个阶梯一步步走上去

看到这行字的时候～我很好奇～这里的主人是一个怎样的女生？

她一定是一个非常清楚地知道感情里的自己要的是什么～并且跟我一样相信童话的人～

再走上去～我感受到她有了喜欢的人～并且那是一个跟她一样喜欢着她所喜欢的事的人～

再上来～他们恋爱了～我能想象得到～女生跟男生～他们每天在一起～有好多说不完的话跟做不完的事～因为他们都喜欢薰衣草～

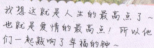

上到山顶～你会看到这两排字～宝贝嫁给我～YES,I DO.！

看到这里我跟帅哥说～如果你是来这里跟我求婚该多好～所以～看到这篇文章的男士们～

（如果你们有求婚的打算～这里是不错的选择噢）

我想这就是人生的最高点了～也就是爱情的最高点！所以他们一起敲响了幸福的钟～

当然～如果你还没有找到心中的另一半～也没关系～把心愿写在卡片上～挂到许愿树上～

不要忘记盖上梦想成真的徽章座～我再给它一个专属徽章～

接下来就是下山了～我
觉得下山就像是婚后的生
活～当洗尽激情之后～

我的眼中依旧
只有你～

我开始羡慕这个
女生了～她可以
跟相爱的人一起
过着他们想要过的生活～
不过～我也在这里找到了我想
要的生活～有了目标～就有了
努力的动力～

当然最后一句～
我觉得应该叫做～
这就是我俩的幸
福～人生不就是
这样～平淡中制
造浪漫～平凡中
寻找幸福吗？！

大家一定要吃这里的冰激凌~这是我吃过最好吃的冰激凌了~

虽然它只有一个味道~说是薰衣草的味道~不如说它是幸福的味道~

喔，对了~你还可以带宠物来喔~带宠物到森林里奔跑吧~
这是我在买冰激凌的时候看到的~哈哈~真是可爱的小家伙~

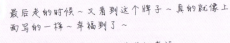

最后走的时候~又看到这个牌子~真的就像上面写的一样~幸福到了~

我在这里真的感受到了满满的幸福~

女生要成熟~但也要保留一些纯真的部分！

因为当我们渐渐长大~纯真就会慢慢不见~常有些人会质疑我~为什么你总像个小孩一样~

像个小孩不好吗？即使外表成熟了~但保留一颗童心的人~就会比较快乐~

快乐是留住青春的药~

有时候把事情简单化~像个孩子一样的去思考~去发泄~去相信~你会比较容易感到幸福~

好啦~我已经把我感受到的满满幸福分享给大家咯~你们感受到了吗？

告诉我~此刻~你幸福吗？？？

第十六天

乖女孩篇

——插花课堂

女孩天生都喜欢花～所以往往只要有想要
追求女孩的男生～第一个礼物～都是送花！
而我更是一个喜欢跟花生活在一起的人～

我住的房子里～真花假花～一大堆～也
因为喜欢～慢慢开始想要了解更多关于
花的故事～
花语～花期～什么时候该送什么花～还
有就是插花～

今天～我就带大家参观一下我的插花课堂吧～

说到插花～以前都是花瓶式的～但那种都保存不久～花凋谢了～总会让人有种忧伤的感觉～

于是这几年流行的有好多是用干花做的装饰品～这样除了可以永远保持相同的状态外～时间越久越会有一种不同的味道呢～

先来介绍一下我的老师吧~他可是在台湾非常有名的插花老师喔~这个漂亮的花店也是他的~很有个性吧？很想将来可以在北京也能开一间~

我今天要做的就是花球~虽然是用新鲜的花来做~但它是可以等到自然风干之后依旧有型漂亮的装饰喔~

我要做的花球是黄色系的~做这种花球用到的花都是干后不会变黑的~所以选择材料也是有学问的喔~

首先要用一个泡沫当做中心~在它的四周插花~但要让这个中心平衡也是件很不容易的事~又不能在四周放相同的花朵跟数量~这样就失去了美感~所以~要一点一点慢慢加才行~自己找平衡感喔~

最后的目的当然就是这样一颗完美的花球啦~想要自己尝试的人记得我说的重点喔~

虽然看起来很容易～但做起来真的需要动脑筋思考呢～不过完成之后才真的超有成就感～喜欢花的女孩子来尝试看看吧～

除了花球外～还有好多用干花可以做的饰品～都是我接下来想要学的课题～以后再继续跟大家分享啦～

HAPPY BIRTHDAY
PHOTO BY VISION ANIMAL

第十七天

生日篇

——森系女孩 BIRTHDAY 主题

说到我的生日～好像习惯性的每年都想要一个不同的主题～像21岁的警察装～22岁礼服PA～23岁的羽毛裙～24岁的卖萌14岁～

今年～我要早早就决定这一次的主题是精灵～

每一次想好主题～我就会开始研究如何选符合主题的装扮跟饰品～

Celebration

说也奇怪～我每次都乐在其中～就像是～每次装扮完～受到大家的好评～就超有成就感！！

首光考虑的一定是衣服啦～精灵感的衣服～要去哪买呢？

当然不是一般的服装店～迪士尼店～淘宝上找～最快～

另外～去那些道具的租借店～也是不错的选择喔～

当然～我常常都还是会选择把它买下～因为一年一次～留下来也是一种纪念～等老了再拿出来怀念一下～

除了我的生日～身边好朋友的生日我们也都习惯一起来想主题～把那天当做是大家的大 PARTY~
像下图～就是我好朋友的白色生日趴～我们大家都穿着白色的衣服～每次大家打扮好拍出的照片都会好壮观～哈哈～
右图是另一个好朋友的生日趴～也算是礼服趴～所以我做了比较摩登的造型～佩戴了发带～还有豹纹披肩～

"白色羽毛"是我23岁生日时的造型～当时这个羽毛裙被我穿出来之后好多商家销售出去好多～但其实它算是舞台装～平时真的不能穿～因为很不舒服～那些羽毛都有点刺刺的～但真的很好看～对吧？

这是 24 岁时的生日 ~ 因为常常有人说到了 25 岁之后就不能过生日了 ~ 所以我就想把 24 岁当 14 岁过 ~ 装嫩地绑了一对马尾 ~ 还叫每一个来的朋友都跟我一起戴上生日帽 ~ 哈哈 ~ 超有爱 ~

以上就是我之前的生日造型啦 ~ 今年的就请大家关注我的微博 ~ 敬请期待啦 ~

第十八天

小女人篇

——如何穿出小性感

谁说可爱的女人不性感～性感的
女人不可爱？
我就是要打破这个观点～所以常
常喜欢性感加可爱的打扮～

我觉得~性感并不一定要"s
身材"~在我的概念里~每
个女孩都是可以性感的~

就算你没有胸部~那就露锁
骨或肩膀~如果没有长腿~
那就出现翘臀跟腰线~

总之~每个人~都有
性感之处~就看你如
何展现出来啦~

Eye-do 彩片

Glo & Ray 眼线笔

Zao 唇膏

tangle teezer 美发梳

dolly cat 睫毛

今天～我要示范小女人的柔美跟小性感～
妆容上～突出迷蒙的双眼～此外～我觉
得嘴唇～也是很性感的器官～
所以～一双粉嫩色的嘟嘟唇～让你拥有
随时想要被亲亲的感觉～

选择服装方面~我觉得毛衣特别能够凸现女生柔美的性感~

刚刚盖过臀部的长度~若有似无的内搭裤~让你的双腿显得特别神秘~

性感不一定是"s曲线"~半边的肩膀~若隐若现的锁骨~也会让你无比性感~

我喜欢各种各样的毛衣~大领的款式是我的最爱~小露香肩永远都是保守女孩的露肤首选~
如果你常被觉得是小女孩~或是没有女人味~就来尝试看看吧~

第十九天

孝女篇

——见长辈如何打扮得体

又到了陪长辈吃饭的日子～每次想

到拘束的聚餐～就无比紧张～

因为平时已经无拘无束惯了
～突然要为了得体而头痛！
别担心～做乖乖女～其实
很简单～

首先妆面方面自然要以裸妆为主！当然美瞳也要选择自然款～

底妆轻薄～为了看不出擦了粉的感觉～我都会选择BB霜～当然如果有痘痘可以再用一点遮瑕遮盖在痘痘上就可以啦～

眼妆部分就一条自然眼线就可以了～突出眼睛明亮有神就够了～其余的眼影跟假睫毛就别拿出来吓到长辈啦～

没有眼影、腮红跟假睫毛～怎样使脸色看起来没那么苍白？

那就要突出唇色啦～当然不要选太鲜艳的颜色～自然地粉色最适合不过～显得青春有活力！

Zoo 唇膏

green skin 散粉

green skin BB霜

Eye-do 彩片

妆面完成后～就是头发啦～看
起来乖巧的直发是我的首选！
不用太多花俏的饰品～扎起丸子
头～或是干脆直直自然的散发

最后就是服装啦~我平时给长辈的恩觉都是乖巧可爱~所以颜色方面我会选择浅色系!

长辈其实很喜欢看到我们张扬青春的一面~所以我都会选嫩黄~嫩绿~天蓝~或是粉紫色~

当然再配上一双平底靴加短袜~给造型上加分!快快尝试吧~做一个人见人爱的可人儿!

第二十天

音乐篇

——森系女孩小情歌

有时候觉不觉得～你爱听哪一种音乐～你
的骨子里其实就是哪一类人～这可能跟你
现在的形象无关～
但当大多数人找得到自己的类型之后～
就会发现音乐跟穿衣打扮～
也会有很大关系！

像我啊～从以前开始～就很喜
欢那种清新、轻快的音乐～
当然～我所谓的听音乐～跟唱
歌无关！

不是说你喜欢乡村音乐～去 KTV 就不
能点摇滚乐～
所谓的听音乐～就是你早上起床～或
是在工作～在路上～在放松的时刻～
想要听的那种歌～叫音乐！

我喜欢一起床～就放自然卷乐团的专辑～超级活泼搞笑的文字跟曲风～

每次听到都觉得浑身充满了力量～充满阳光！

安静的下午～我就喜欢放陈绮贞的歌～

《鱼》~《眷恋太阳》~《旅行的意义》~《还是会寂寞》~

可以让你的心平静下来～

吃点东西~看看窗外~

给自己充个电！

一起唱歌，一起成长，一起听音乐，好不好？

当然如果是晚上入睡前~我喜欢听魏如萱的歌~《香格里拉》~《晚安》~

可以伴你入睡！记得魏如萱以前也是自然卷乐团的女主唱~之后自己出来唱的歌更让我印象深刻~

所以也是因为先知道她~才又去回听她当时在自然卷乐团时候做的那些歌~

现在变成我也开始支持自然卷啦~

当然还有很多~范范~梁静茹~也都是属于小清新派的长老啦~

老歌新放~又会有什么不同的感受呢？！

第二十一天

图书馆篇

——如何穿出学院风

今天我要去久违的图书馆～找找最
近需要的书～

去图书馆～可不是逛街～而且这也是
作为森系女孩最喜欢的项目之一啦～
每一个森系女孩都能给人一种温暖
的感觉～那就是因为她们爱读书的
气质吧！

当然～如果你希望在图书馆遇到喜欢的人～却不知道该如何表现自己～

那就让我来帮你搭配出一身即使在图书馆～也会让喜欢你的人目不转睛的私下穿搭吧～

像这样～连体裤加毛衣外套～连体裤表现青春活泼～毛衣外套防晒保暖～如果在冷气强的地方～是必不可少的喔～当然为了好看我还会配个花马甲～脱下外套也不突兀～袜子也是重点喔～玻璃袜很可爱吧？

或是依旧的英伦风～格子短裤加马甲的搭配～还有点小中性的感觉～袜子跟帽子永远是搭配的重点喔～

如果只是想邂逅喜欢的人～那就可以更女孩一点～小碎花吊带裙～玻璃袜＋木头感娃娃鞋～不要背大包～就手拿个小包包～给人更轻松可爱的感觉～重点是披肩小外套～跟鞋子做个搭配～凸显森林系～给他留下深刻印象吧～

外面我们可以搭一件裸粉色的西装外套～整体感觉就会更搭喔～

当然说到图书馆～大家第一想到的一定是学院风～百褶裙～过膝袜～格子西装或者衬衫～永远都是学院风的经典～先穿好里面的打底吧～好像没什么不一样～T恤＋百褶裙＋过膝袜＋平底鞋！重点在于脖子上的领结～起到画龙点睛的效果～

差点忘了头发~对我来说头发也
是很重要的喔~
编两个辫子~再加个帽子~或是
扎两个辫子~一样需要一顶帽子~
又一特立独行的标志出现~
保证你是独一无二的可爱女孩~

第二十二天

运动篇

——瑜伽，森系女孩的修行

说到运动～好像女孩子都不喜欢会让自己

满身大汗跟风吹日晒的运动～

我也是～所以～像我啊～平时喜欢带狗
狗狗散步～这样自己就可以竞走啦～锻炼
腿部线条～

还有就是骑脚踏车～也是一样
顺便带着狗狗们兜兜风～
当然如果是假日～我们还会带
狗狗们一起去打棒球～当然我
只负责带狗狗们跑步～

除了这些～

宅在家的时候我喜欢做让自己变得柔软纤细的瑜伽～

做瑜伽前我们最好要空腹两个小时～不然可能会导致胃跟肚子痛症～

做的时候尽量舒展自己的身体～使身体的每一条经络都得到很好的伸展跟放松～

做瑜伽时的穿着也很重要～
要有自己的风格又要穿得
舒适才是我的追求～

我不喜欢紧身的衣裤～我觉
得做运动时候穿得比较宽松
些～自己也会比较轻松～

像我会选择有弹力的连体
裤～外面再罩一件长T～可
能有人会说瑜伽课不是要
穿长裤吗？

其实没人规定一定要穿什么～
可是对于我这个"百变心机女"
来说～是不会放过任何一个
穿衣时间的！

这些都是我日常运动时候会穿搭的造型～是不是完全跟运动装不一样～

适当的场合穿适当的衣服～就是我今天要讲的啦～

为了让皮肤也一起跟着呼吸～其实平时我都会素颜做这项运动～扎起头发～

现在开始让我们一起跟着音乐深呼吸～跟着老师动起来吧～

第二十三天

雨天篇

——下雨天也要漂亮

外面又下雨了……一到下雨的天气最头疼了～不知道该穿什么～感觉怎么穿都会很狼狈～

对于酷爱靴子的我即使不是雨天都很爱搭配雨靴的造型~

看看~其实在平时的装扮中~搭配雨靴也是很不错的对吧？

那真正的下雨天~又怎能错过？

我可不这么想喔~对我来说~雨天就可以穿上我最爱的雨靴啦~

今天我就要搭配出一套～在雨天也可以让你魅力不减的清新装扮！

先从妆容开始吧～雨天容易脱妆～睫毛一类的就免啦～找一款够自然的隐形眼镜～画个简单的裸妆～就足够美咯～头发也是一样～不需要再卷再烫了～潮湿的空气很快就会让它变毛躁的！不过如果已经卷好了也不用担心～扎个丸子头～也不会减分喔！

147

像我呀～黑色雨靴喜欢搭配酷一点的造型～浅色的雨靴～就会搭配得小清新～
还有～雨天会比较凉～所以小外套也是不能少的喔～

如果你也是个靴子控～那一双百搭的雨靴是不能少的喔～根据自己的风格喜好～快去加入一双心爱的雨靴进来吧～

第二十四天

野餐篇

——小红帽是吃货

今天是郊游日~让我做拿手的便当给你们品尝吧~

从小就很喜欢出去野餐～戴着狗狗们一起晒晒日光浴～或是在草地上奔跑～
还可以拍很多很多美美的照片～

首先你可以准备些便当～当然也可以像我一样去便利店买～零食我还是比较喜欢的～
也帮狗狗们带一些～还有玩具跟书籍～

要穿什么呢？想要拍很多美美的照片～可是又不希望服装很单调怎么办？

穿出可爱俏皮感就看我的吧～

想到草地就会想到碎花～春天就是要穿鲜艳的碎花才够塔～

可我又不喜欢一件满是碎花的洋装～想要有叠穿的塔配感～

像我买这件的时候就觉得它好适合春游～野餐～或是游乐园喔～很像小红帽的装扮～
假两件式～背带红长裙跟里面的碎花领子T～感觉好搭对不对？但其实是一体的喔～
脚下再加一双毛拖鞋～穿脱方便又可爱～是森系女孩的象征物喔～
整身的装扮就完成啦～走吧～出门去享受阳光野餐哈～

第二十五天

逛街篇

——森系女孩的大爱品牌

耶～今天是逛街日咯～
说到逛街～我真的是一个完全可以
逛一整天都不会累的人～
当然，除了买衣服以外～我最喜欢逛
的～还有杂货铺～

今天我就来带你们去逛一逛我平时最爱逛的品牌与店铺吧~

像这家店是我每次到台湾地区都会去光顾的~虽然有好多东西我都想买但最后没办法带回北京~可我还是喜欢来这看看~因为这家的东西都是从日本拿货到店里来卖的~所以很特别~

我很喜欢这样的杂货铺~因为我自己家里的基本布置跟这的感觉很像~在外人看来可能觉得乱乱的~但我知道这叫乱中有序~像这些可爱的小动物雕像~我自己也收藏了很多喔~我最喜欢的就是兔子跟鹿啦~

像是这些小毛巾~手袋~或是袜子跟睡衣~在这里总能让我找到超特别的小物~

当然~我说很想买却不知道该怎么带回去的就是这面镜子啦~我最喜欢木质的东西~这面镜子实在是让我太想拥有它了啦~不过相信我总有一天要把它买下来~哈哈哈~

好啦~看看我淘的小物吧~美美的睡裙~还有好多袜子~跟手拿小包包~

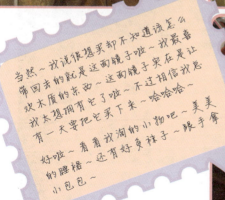

当然每次逛街的时候～我都会满心欢喜～我喜欢每次搭配得美美的出门逛街～

因为这样才能有信心买到更多～更喜欢更特别的东西～总之就是要自己充满自信的感觉啦～

而且只要自己穿对了衣服～你会发现所有人都会对你好有礼貌～还会有很多小幸运喑～别再素颜邋遢的出门啦～那样试穿哪件衣服都不会美～最重要的是：不打扮自己就等于不尊重自己～这样让别人怎么尊重你呢？所以下次打扮美美的再逛街看看吧～看看是不是如我所说～会有好事发生咯～

第二十六天

礼服篇

——参加婚礼如何装扮

今天要去参加我好朋友的婚礼喔～看着他们从相爱到相守～这是我们每一个朋友见证的最感人时刻～

所以也是我很重视的场合～
作为一名森系女孩～我的礼服一定不会像很多小公主一样的华丽～但是森女特有的气质～一定让你在再多人的场合里～也会让人赏心悦目的～

妆容要比平时浓重一点～因为是需要跟新人拍照的嘛～
睫毛选择整条式～眼线笔也改用黑色～重点是美瞳可以选择比
较混血的颜色～

因为今天我想搭配长裙感的洋装～
有点小度假风～但又不失优雅～

上衣我要平口的短马甲～有点金属
的小点缀～看起来比较特别～

下身的长裙～我要亮黄色～有点小
透明～内衬又是短款的～隐约可以
露出腿部的线条～

下面配上一双厚底的高跟鞋～拉长
比例～

为了突出庄重～在饰品上的选择就要比较用心啦～

跟度假不一样的是～在饰品上～不能用大的花朵～或是草帽来装饰啦～所以我选择用一条石头跟小花朵拼接成的发带～配上蛋糕卷的头发～就能把简单的度假长裙～穿出礼服感咯～又有一种小美人鱼的感觉～

这样参加婚礼～自然清新～又不会抢走新娘的光彩喔～

Eye-do 彩片

Glo & Ray 腮红

Zoo 唇膏

除了这些～其实森系女孩要参加一些礼服主题的 PARTY 时～可以选择花朵的小洋装～这样不失优雅～又可以突出森系女孩的特点喔～如果你想做一名森系女孩～下次就来试试吧～

除了婚礼～这是我参加 bread n butter 时装发布会时候配合主题"挪威森林"～而搭配的非常森系礼服感～完全不同于平时大家眼中的高贵礼服感～更多的是一种自然狂野中的优雅～

妆容重点也是睫毛跟美瞳～用比较浓密的假睫毛跟灰色混血美瞳～呈现出一种精灵感～
看看在秀场上～我们是不是很符合主题呢？只是我在小溜号看手机～被抓到了～哈哈～

第二十七天

圣诞节篇

——圣诞气氛装扮

说到圣诞节～就先来回顾一下～往年的圣诞节～我都是如何打扮的呢？

说到圣诞节～你会想到什么颜色？白色？红色？绿色？黄色？

这一年～我就跟姐妹一起来了个超级圣诞色的装扮～
我戴了红帽子～黄毛衣～黄袜子～
就连手套跟围巾都是圣诞的图案～
所以跟身后的圣诞树很搭吧？

还有就是每当圣诞节的时候～就很喜欢毛衣的造型～像这件紫色豹纹毛衣～加上有点小ROCK的装扮～也算是很另类的圣诞装扮吧？

如果实在想不出要穿什么～或是没时间准备～一条红色洋装～也可以偷免～

当然为了每一年都有不同的装扮～就总是要提前一个月～就开始做准备啦～

妆容上面～也希望每一年都不同～

今天～我就来告诉大家～我是如何打造情迷小鹿妆的吧～

EDM 套刷

Eye-do 彩片

Glo & Ray 腮红

green skin BB 霜

Glo & Ray 眼线笔

Zoo 唇膏组

green skin 散粉

加上一个鹿角造型的发夹～就完成啦～怎么样？是不是很像小鹿斑比呢？

妆容和头发都完成啦～那最后就是最最重要的服装啦～

不希望太角色扮演～还是希望可以穿
上大街～那就一样选择彩色的毛衣吧～
拼接的冰淇淋色毛衣～加一个咖啡色
皮质披肩～跟靴子做搭配～

白色毛线长袜～突出圣诞
感～下面再套上毛线袜套～
跟毛衣呼应～
整个服装的颜色虽然很鲜
艳～但又不凌乱～就是我
要的效果啦～
这装扮～实在是再适合不
过圣诞节啦～有没有？

第二十八天

下午茶篇

——森女喜欢的食物

一周里面~一定要有一天是跟姐妹一起大八卦~以及享受美食的时间~

当然~更免不了~我们要在这一天疯狂地拍照~所以~姐妹聚会~更是我们需要扮靓的时刻咯~

今天我就要搭配出一套~非常适合下午茶的优雅造型~

说到优雅～我会首先想到长裙～吊带长裙配披肩～再配丸子头～优雅中不失可爱～

再加上一双高跟凉鞋～拉长比例～手拿的小包包也是重点哦～编制的篮子～跟整体也是非常搭配的哟～

或是大露背大开叉的长裙～
正面看是保守的森系格子长
裙～后面的设计体现了性
感与优雅～也是很好的选
择唷～

除了长裙～短裙也可以表现
优雅～森系女孩的小碎花～就
是能给人以优雅恬静的感觉～

要注意颜色的搭配~蓝色跟藕荷色~袜子也是紫色系~跟包包也很搭~鞋子选黑色~是因为裙子的腰间也是黑色~所以整体也是很搭配的~加上草帽跟蛋糕卷~甜美优雅~

还有各种不同的搭配都很适合下午茶的装扮~选一款你的最爱~跟我一起来品尝美味的蛋糕跟水果茶吧~

第二十九天

首饰篇

——如何利用饰品凸显森系个性

今天要给大家看看我的宝贝～除了衣服外～饰品也是我的最爱～这些就是我平时最喜欢的搭配饰品咯～

可能我的饰品不是很多～但是每一件对我来说～都是独一无二的～帮助我在装扮上起到加分作用！

我平时～民族风的服装比较多一点～因为我喜欢质地是棉质～针织～毛线～或是蕾丝～多数它们的特点都是软～所以我喜欢可以突出女孩"软"气质的饰品～

这是皮质的～

毛线的发带～

还有羽毛的～

金属的～宝石的～

像这个是毛线做成的毛球～

最重要还是跟衣服的搭配~

像我今天穿的就是我平时最喜欢的风格之一啦～

比较偏民族风多一些的元素～是我在春秋最爱的装扮～

我本身比较喜欢多层次的叠穿方式～所以饰品上不能太过于精致或是细致的～因为这样一来就看不出饰品了～也很容易觉得繁琐～

所以～我喜欢以手工为主的饰品～

其实即使是普通的衣服～不管是颜色～还是质感上～如果能搭配上跟服装有相互呼应甚至起到画龙点睛作用的饰品～同样很完美喔～

除了发饰外～鞋子跟袜子也可以是一个突出的重点～
像是今天这套是黄紫色相间的～所以在袜子跟鞋子上的选择也要是紫色跟黄色～那黄色我们可以选偏木质的颜色～袜子就选跟上衣呼应的紫色～再加上紫色的包包～

像这个发饰～上面都是手工的小鸟跟松果～戴上它就又多了一份民族风的感觉～而且跟我的发色和整体很搭～

第三十天
完美
森女篇

——如何做个人见人爱的小森女

哇～默默写到最后一天啦～
30 天～你学会如何做一个人见人爱的森系
女孩了吗？
回顾一下吧～从妆容开始～

Glo & Ray 眼线笔

Zoo 唇膏组

其实即使是普通的衣服～不管是颜色～
还是质感上～如果搭配上能跟服装有
相互呼应甚至起到画龙点睛作用的饰
品～同样很完美喔～

Glo & Ray 眼红

green skin 散粉

green skin BB 霜

EDM 套刷

Eye-do 彩片

Sleek 眼影

tangle teezer 美发梳

无论你是什么年龄～什么职业～
森系女孩都是给人亲和～不争～不
吵～不闹的感觉～
做一个森林系女孩～可以
让你知道～生活中～
简单就是美好～

偶尔自己做个小饰品～小手工～或是做餐好吃的～跟最亲近的小动物接触～都会让你感到无限快乐！

有时候
走得太快～适时回头看一看～
放下心中的大石～做回最简单的
自己～
开心就笑～难过就哭～穿上自己
最爱的衣裳～打扮成自己最喜欢
的样子～
这就是森系女孩～做最爱的自己～

这本书，送给最爱自己的你，希望可以给你带来

不一样的人生目标……

by 幼乖

图书在版编目（CIP）数据

百变森女30天 / 王幼宣著 . —北京：经济科学出版社，2013.9

ISBN 978 - 7 - 5141 - 3832 - 0

Ⅰ. ①百…　Ⅱ. ①王…　Ⅲ. ①服饰美学—通俗读物　Ⅳ. ①TS976. 4 - 49

中国版本图书馆 CIP 数据核字（2013）第 232188 号

策划出品：瑾瑜文化
责任编辑：刘　瑾
责任校对：徐领柱
责任印制：邱　天

百变森女30天

王幼宣　著

经济科学出版社出版、发行　新华书店经销

社址：北京市海淀区阜成路甲 28 号　邮编：100142

总编部电话：010 - 88191217　发行部电话：010 - 88191537

网址：www. esp. com. cn

电子邮件：esp@esp. com. cn

天猫网店：经济科学出版社旗舰店

网址：http：//jjkxcbs. tmall. com

北京市十月印刷有限公司印装

889 × 1194　24 开　8 印张　100000 字

2013 年 10 月第 1 版　2013 年 11 月第 2 次印刷

ISBN 978 - 7 - 5141 - 3832 - 0　定价：48. 00 元